非洲猪瘟综合防控技术系列丛书

非洲猪瘟
疫情应急处置指南

（2019年版）

中国动物疫病预防控制中心

中国农业出版社
北　京

图书在版编目（CIP）数据

非洲猪瘟疫情应急处置指南：2019年版/中国动物疫病预防控制中心编．—北京：中国农业出版社，2019.12

ISBN 978-7-109-26327-7

Ⅰ.①非… Ⅱ.①中… Ⅲ.①非洲猪瘟病毒－疫情管理－中国－指南 Ⅳ.①S851.33-62

中国版本图书馆CIP数据核字（2019）第285462号

中国农业出版社出版

地址：北京市朝阳区麦子店街18号楼

邮编：100125

责任编辑：姚　佳

版式设计：王　晨　　责任校对：吴丽婷

印刷：北京缤索印刷有限公司

版次：2019年12月第1版

印次：2019年12月北京第1次印刷

发行：新华书店北京发行所

开本：700mm×1000mm　1/16

印张：5.5

字数：72千字

定价：38.00元

丛书编委会

本书编委会

主　　编　刘俞君　齐　鲁

副 主 编　李文京　王志刚

编　　者　邵启文　白　洁　付　雯　刘林青

王　芳　李　鹏　关婕葳　张银田

总　　序

2018年8月，辽宁省报告我国首例非洲猪瘟疫情，随后各地相继发生，对我国养猪业构成了严重威胁。调查显示，餐厨剩余物（泔水）喂猪、人员和车辆等机械带毒、生猪及其产品跨区域调运是造成我国非洲猪瘟传播的主要方式。从其根本性原因上看，在于从生猪养殖到屠宰全链条的生物安全防护意识淡薄、水平不高、措施欠缺，为此，中国动物疫病预防控制中心在实施"非洲猪瘟综合防控技术集成与示范"项目时，积极探索、深入研究、科学分析各个关键风险点，从规范生猪养殖场生物安全体系建设、屠宰厂（场）生产活动、运输车辆清洗消毒，以及疫情处置等多个方面入手，组织相关专家编写了"非洲猪瘟综合防控技术系列丛书"，并配有大量插图，旨在为广大基层动物防疫工作者和生猪生产、屠宰等从业人员提供参考和指导。由于编者水平有限，加之时间仓促，书中难免有不足和疏漏之处，恳请读者批评指正。

编委会

2019年9月于北京

前　言

自2018年8月3日发生第一起非洲猪瘟疫情以来，31个省份相继发生，给我国生猪产业造成巨大损失，疫情发生后，党中央、国务院、农业农村部高度重视，疫情处置工作成为防止疫情扩散、维护公共安全第一道防线。如何规范处置，及时扑灭疫情，防止疫情扩散成为当务之急。为有效应对突发疫情，规范应急处置，我们通过大量调研、实地处置、专家研讨后，组织编写了《非洲猪瘟疫情应急处置指南（2019年版）》，从疑似疫情处置程序、确诊疫情处置程序、不同场所消毒作业指导书、解除封锁恢复生产程序等方面梳理了疫情发生后规范处置的整套流程，为发生疫情后各省应急处置工作提供参照。

本手册适用于非洲猪瘟疫情发生后各省非洲猪瘟疫情应急指挥机构及一线防疫人员应急处置工作，若政策出现调整，以国务院及农业农村部新发文件为准。

目　录

第一章　疑似疫情处置程序

再次发生非洲猪瘟疫情的省份，县级以上动物疫病预防控制机构接到生（野）猪异常死亡报告后，根据临床诊断和流行病学调查结果怀疑发生非洲猪瘟疫情，（有条件的本级实验室应开展实验室检测）判为疑似疫情时应及时送样到省级动物疫病预防控制机构检测；首次发生疑似非洲猪瘟疫情的省份，省级动物疫病预防控制机构根据检测结果判定为疑似疫情后，应立即将样品送中国动物卫生与流行病学中心确诊，按要求将疑似疫情信息以快报形式报中国动物疫病预防控制中心（图1-1）。当地兽医主管部门要及时上报当地人民政府，由人民政府负责组织有关部门开展以下工作。

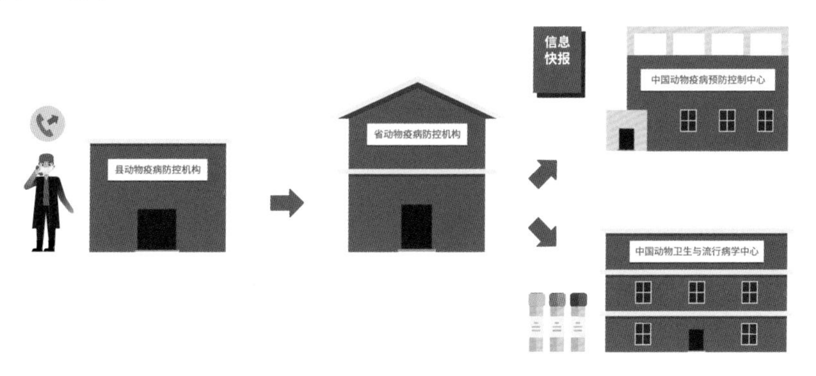

图1-1　疑似疫情处置程序

1 限制移动

在接到报告后，人民政府应组织有关部门对被感染和疑似养殖场（户）立即实施严格的隔离、监视，禁止任何易感动物及产品、饲料及垫料、废弃物、运载工具、有关设施设备等移动，人员、车辆不得进入或离开养殖场（户），直到确诊（图1-2）。

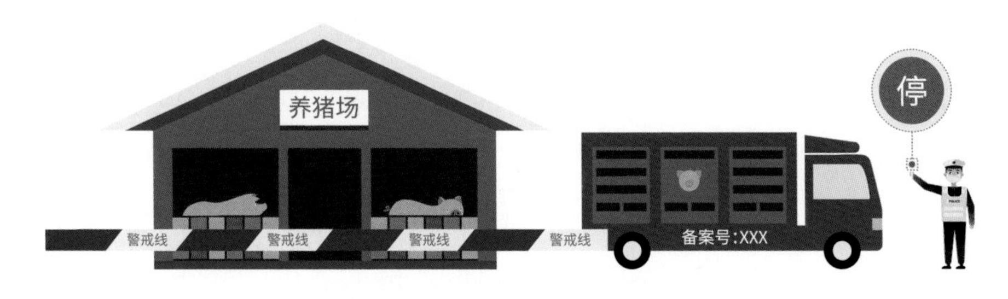

图1-2　限制移动

2 消毒

有关部门负责在该场所的出入口或路口设置临时检查消毒站，对人员和车辆进行消毒。

3 流行病学调查

兽医部门负责收集有关场所和动物的相关信息（表1-1），至少包含场所地址及地理信息；疑似染疫动物种类和数量、存栏量、发病和死亡情况、临床症状和病理变化的简要描述；发病猪同群情况；猪场布局及周边环境是否饲喂泔水；免疫情况；近一个月调入和调出情况等（图1-3）。

图1-3　调　查

表1-1　可疑疫情信息采集信息表

猪场名称		场主姓名	
地址			
地理位置	村庄、公路、河流：		
养殖模式	种猪场、自繁自养场、育肥场		
存栏量	总数：　　种猪：公　　母　　育肥猪：　　仔猪：		
生物安全	措施：无措施、一般、良好		
饲养人员数量		备注信息	
发病时间、数量与症状描述：			
死亡时间、数量与剖检描述：			
近一个月引进猪只情况：头数；来源地：			
近一个月调出猪只情况：头数；目的地： 头数；目的地： 头数；目的地：			
泔水饲喂情况（时间、来源）： 近一个月饲料与其他物资调入情况：			
采样与送检情况：			
备注：			

4 初步划定范围

兽医和有关部门初步划定疫点、疫区、受威胁区范围，统计疫区和受威胁区内养殖场（户）数量、易感动物数量，村庄、屠宰场和交易市场的名称和地址。

必要时采取封锁、扑杀等措施（扑杀及无害化处理参照确诊疫情后的处置方法）。

确诊疫情后，相关部门应按照要求将确诊疫情快报报送至中国动物疫病预防控制中心。地方政府按照“成立应急处置现场指挥机构——划定疫点、疫区和受威胁区——封锁——扑杀——转运——无害化处理——监测——评估——解除封锁——恢复生产”的流程进行应急处置（整个处置过程中都要做好消毒防护工作）。应在最短的时间内对疫点的生猪进行扑杀和无害化处理。

1 成立应急处置现场指挥机构

县级以上人民政府主要负责人担任总指挥，县级以上人民政府主管负责人及兽医主管部门主要负责人担任副总指挥，其他相关部门派专人在总指挥的统一安排下，落实责任，组织开展现场应急处置工作。

应急指挥机构可设立材料信息组、封锁组、扑杀组、消毒组、无害化处理组、流行病学调查组、排查采样组、应急物资组、后勤保障组等工作小组，必要时当地政府可成立督查组；每组设一名组长，并制定明确的现场工作方案，实行组长负责制。

1.1 材料信息组

负责综合材料的起草报送、数字统计报送、舆情引导和应对、信息发布、会议组织等。

1.2 封锁组

负责疫点、疫区主要路口的封锁、消毒，负责出入人员、车辆的检查和消毒。在受威胁区设立消毒检查站的，由封锁组负责出入人员、车辆的检查和消毒。禁止易感动物出入和相关产品调出。

1.3 扑杀组

负责与畜主沟通；动物的扑杀、销毁；死猪搬运、装载、入坑；有关饲料、垫料和其他物品以及其他废弃物销毁并搬运、装载、入坑。

1.4 消毒组

负责对疫点、疫区被污染或可能被污染的物品、交通工具、用具、猪舍、场地等进行严格彻底清洗消毒。指导受威胁区养殖场户、屠宰场、生猪交易市场等重点场所消毒。

1.5 无害化处理组

负责掩埋点选址、掩埋坑挖掘；所有病死猪、被扑杀猪及其产品进行无害化处理；对排泄物、餐厨剩余物、污染或可能污染的饲料和垫料、污水等进行无害化处理。负责无害化处理场封锁、消毒、巡查。

1.6 流行病学调查组

负责流行病学调查。

1.7 排查采样组

制定排查和采样方案，负责疫区、受威胁区动物疫病排查和采样。

1.8 应急物资组

负责应急处置物资的采购、调拨、发放、回收、管控，应急处置所需挖掘机、消毒车等大型设备的协调等。

1.9 后勤保障组

负责车辆调配、人员用餐等。

根据应急处置需要或者现场应急处置总指挥申请，上级部门委派有关人员协助和指导应急指挥机构落实各项应急处置工作（图2-1）。

图2-1　应急处置现场指挥机构

2 划定疫点、疫区和受威胁区

2.1 疫点

2.1.1 相对独立的规模化养殖场（户）、隔离场，以病猪所在的养殖场（户）、隔离场为疫点。

2.1.2 散养猪以病猪所在的自然村为疫点；放养猪以病猪活动场地为疫点。

2.1.3 在运输过程中发生疫情的，以运载病猪的车、船、飞机等运载工具为疫点。

2.1.4 在牲畜交易市场发生疫情的，以病猪所在市场为疫点。

2.1.5 在屠宰加工过程中发生疫情的，以屠宰加工厂（场）（不含未受病毒感染的肉制品生产加工车间）为疫点（图2-2）。

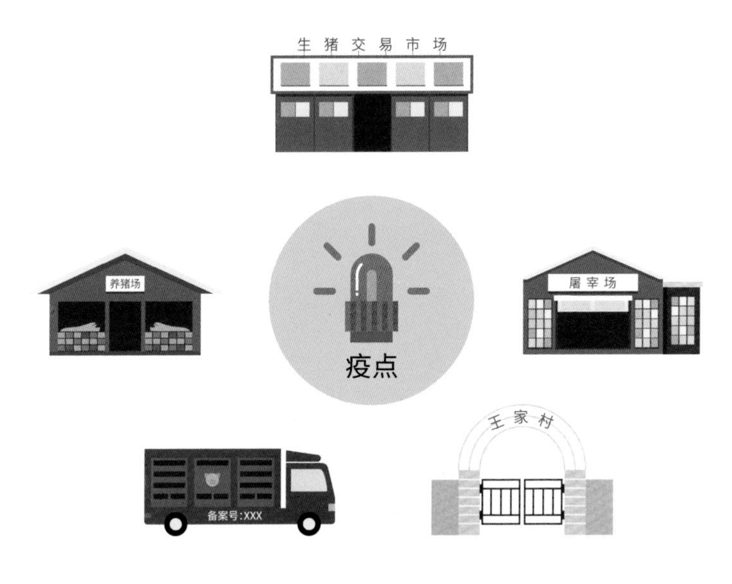

图2-2 五类疫点

2.2 疫区

一般是指由疫点边缘向外延伸3公里的区域。

2.3 受威胁区

一般是指由疫区边缘向外延伸10公里的区域。对有野猪活动地区，受威胁区应为疫区边缘向外延伸50公里的区域。

疫点、疫区、受威胁区由县级或以上地方人民政府兽医主管部门划定。划定时，应当根据当地天然屏障（如河流、山脉等）、人工屏障（道路、围栏等）、行政区划、饲养环境、野猪分布情况，以及疫情追溯追踪调查和风险分析结果，必要时考虑特殊供给保障需要，综合评估后划定。

在生猪运输、屠宰加工过程中发生疫情，当地根据风险评估结果，确定是否划定疫区和受威胁区（图2-3）。

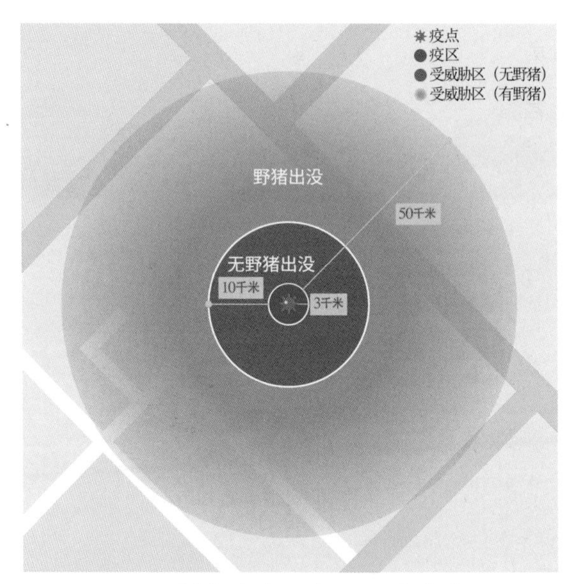

图2-3　划定疫点、疫区、受威胁区

3 封锁

3.1 组织领导

由县级以上地方人民政府发布封锁令，并实施封锁。封锁生效后，在当地人民政府统一领导下，兽医等有关部门负责确定交通运输路线、设立临时检查消毒站、指导扑杀工作、选择掩埋地点等；有关部门负责维护治安、医疗救治、消毒通道搭建，协助消毒工作，舆论引导和宣传，市场肉品检查等。

各地根据制定的重大动物疫情应急预案适当调整职责分工。

3.2 发布封锁令

3.2.1 疫情发生所在地县级及以上人民政府兽医主管部门报请本级人民政府对疫区实行封锁，由当地人民政府依法发布封锁令，对疫区实行封锁（封锁令模板附后）。

疫 区 封 锁 令

XXXX县（市）人民政府
关于封锁非洲猪瘟疫区的命令

XXXX县（市）人民政府令〔20XX〕第XX号

20XX年XX月XX日，经xx省动物疫病预防控制中心（中国动物卫生与流行病学中心）确诊，XXXX养殖（场）户发生非洲猪瘟疫情，为迅速扑灭疫情，阻止疫情蔓延，根据《中华人民共和国动物防疫法》第三十一条，国务院《重大动物疫情应急条例》第二十七条及农业农村部关于印发《非洲猪瘟疫情应急实施方案（2019年版）》的通知精神，特发布本封锁令：

一、立即启动《XXX重大动物疫情应急预案》X级响应，XX街道（乡、镇），农林局、卫计局、公安局、交警大队、财政局、市场监管局、交通局、宣传部等相关部门要在重大动物疫情应急指挥部统一领导下按预案要求认真开展疫情扑灭和控制工作。

二、从即日起对疫区实行封锁，封锁范围是：以XXXX为疫点，由疫点边缘向外延伸3公里的区域，东至XXXX，西至XXXX，南至XXXX，北至XXXX。

三、疫区封锁期间，在疫区周边设置临时检查消毒站，对出入人员、运输工具及有关物品实施强制检查消毒。在封锁期间，禁止所有生猪出入封锁区，禁止生猪产品流出封锁区，违者按有关规定处罚。

四、对所有病死猪、被扑杀猪及其产品进行无害化处理。对排泄物、餐厨垃圾、可能被污染的饲料和垫料、污水等进行无害化处理。对被污染或可能被污染的物品、交通工具、用具、猪舍、场地进行严格彻底消毒。出入人员、车辆和相关设施要按规定进行消毒。

五、依法做好疫区现场隔离、封锁、控制的安全保卫和社会管理。依法做好交通疏通，严格查处利用疫情造谣惑众，扰乱社会和市场秩序的违法犯罪行为。

六、要做好群众思想工作，加强科普宣传，消除群众恐惧心理，维护社会和谐稳定。

七、对疫区外的生猪，要加强检疫和疫情排查，发现疫情及时上报。

八、各部门、相关乡镇（街道）接到命令后迅速组织各社区和人员落实封锁措施，严防疫情扩散。农林局、卫计局、公安局、交警大队、财政局、市场监管局、交通局、宣传部等有关部门要按照各自的职责，协助XXXX乡镇（街道），按“早、快、严、小”的原则，加强协调配合，迅速扑灭疫情，不得有误。

本命令从发布之日起执行。封锁令的解除，由XXXX政府另行下达。

XXX县（市）人民政府

20XX年XX月XX日

3.2.2 疫区范围涉及两个以上行政区域的，由有关行政区域共同的上一级人民政府发布封锁令，或者由各有关行政区域的上一级人民政府共同发布封锁令，对疫区实行封锁。

3.2.3 必要时，上级人民政府可以责成下级人民政府对疫区实行封锁。

3.2.4 以运载工具为疫点的可不发布封锁令。

3.2.5 特殊情况：疫区范围涉及两个以上行政区域，且跨省界，由有关行政区域的本级人民政府共同发布封锁令，对疫区实行封锁，后续处置工作由疫区所在各行政区域本级人民政府各自负责。

3.3 封锁措施

3.3.1 封锁令

疫情确诊后，当地人民政府应依法及时发布封锁令。封锁令内容包括封锁范围、封锁时间、封锁期间采取的措施、相关部门职责等。在疫点、疫

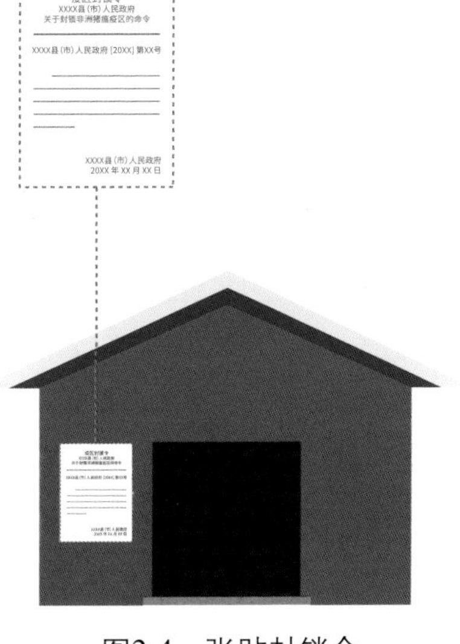

图2-4　张贴封锁令

区周围设立警示标志，可采用蓝底白字。在疫点、疫区及临时检查消毒站等醒目位置张贴封锁令（图2-4）。

3.3.2 疫点

疫情发生所在地的县级及以上人民政府依法及时组织扑杀疫点内的生猪。在疫点出入口设置临时检查消毒站，执行封锁检查任务，对人员和车辆进行检查和消毒（图2-5）。

图2-5　疫点设置消毒站

3.3.3 疫区

对疫区内的养殖场（户）进行严格隔离，经病原学检测阴性的，存栏生猪可继续饲养或就近屠宰（图2-6）；对病原学阳性的养殖场（户），应扑杀其所有生猪（图2-7）。在所有进出疫区的路口，设置临时检查消毒站，执行封锁检查任务，禁止生猪出入及生猪产品调出（图2-8）。对人员和车辆进行检查和消毒。关闭疫区内的生猪交易市场（图2-9）。疫区内的生猪屠宰企业，停止生猪屠宰活动（图2-10），采集猪肉、猪血和环境样品送检，并进行彻底清洗消毒。

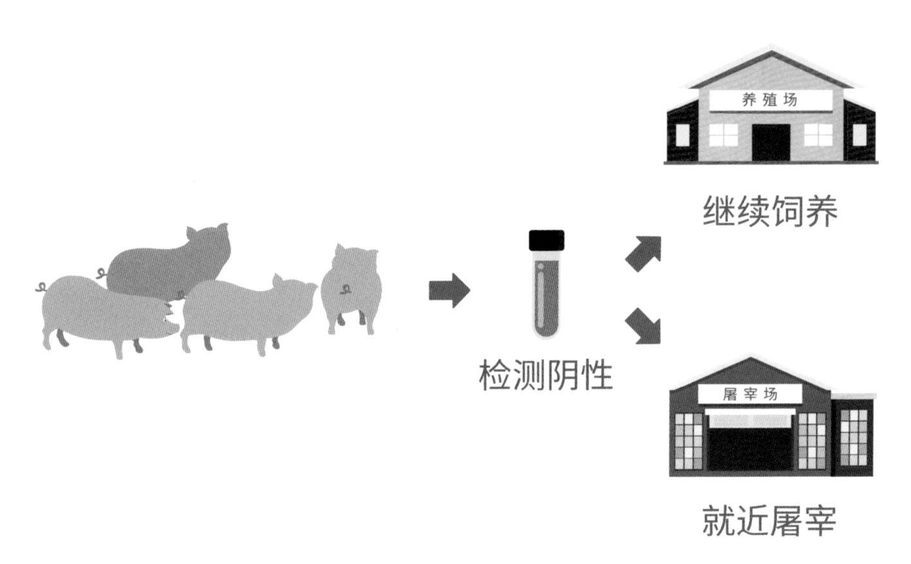

图2-6　检测阴性处置办法

图2-7　检测阳性处置办法

图2-8　禁止生猪出入及其产品调出

图2-9　疫区关闭生猪交易市场

图2-10　停止生猪屠宰活动

3.3.4 受威胁区

在进出受威胁区的路口，设置临时检查消毒站，执行封锁检查任务，禁止生猪出入，对途经受威胁区的生猪及产品车辆劝返（图2-11）。对人员和车辆进行检查和消毒。关闭生猪交易市场，暂停生猪屠宰活动。

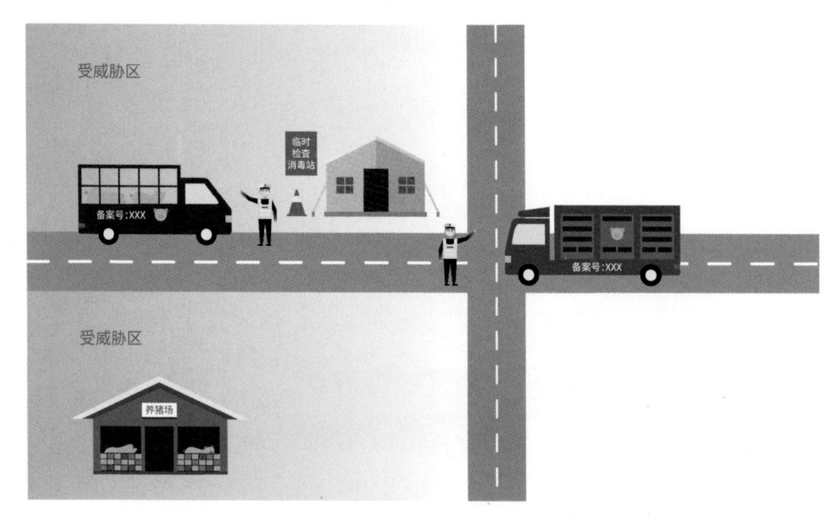

图2-11　禁止生猪出入　劝返生猪及产品

4 扑杀

4.1 制定扑杀工作实施方案

综合考虑养殖场（户）地理位置、布局、天气等因素，制定操作方案，包括时间、地点、参加人员及分工、工作内容等。

4.2 扑杀范围

4.2.1 疫点：疫点内所有猪只（图2-12）。

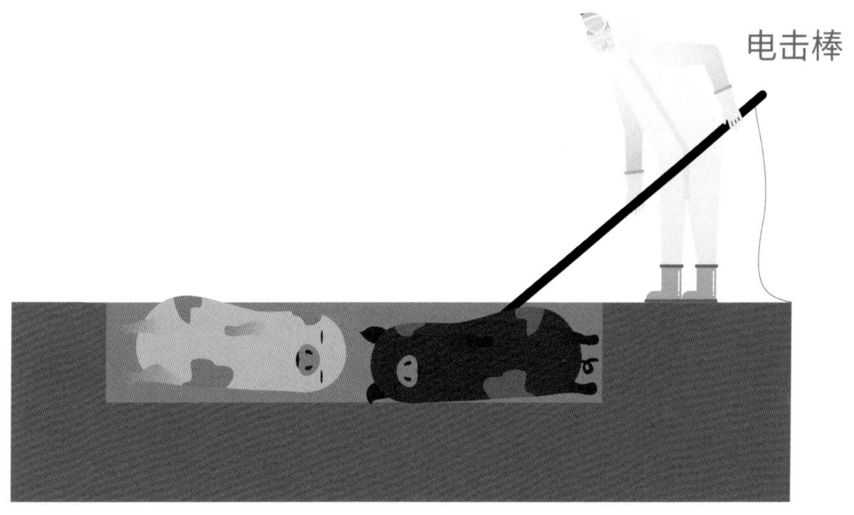

图2-12　扑杀疫点内所有猪只

4.2.2 疫区：根据对疫区内生猪采样后病原学检测结果确定扑杀范围。

4.3 扑杀方法

采用电击法或其他适当方法进行扑杀，避免血液污染环境。

4.4 扑杀步骤

4.4.1 扑杀前准备工作

4.4.1.1 扑杀人员培训。生物安全操作要求、扑杀工具（扑杀器）使用方法等（图2-13）。

图2-13　扑杀培训

4.4.1.2 统计需要扑杀的生猪数量。

4.4.1.3 扑杀所需物资准备。根据实际需要，配备消毒物资、扑杀工具、包装用品、转运工具、清洗工具等。

4.4.1.4 挖掩埋坑。疫点、疫区内扑杀的生猪原则上应当就地进行无害化处理。

4.4.1.5 必要时搭建临时消毒通道。

4.4.1.6 规划扑杀、生猪及死猪运输通道。

4.4.2 扑杀

4.4.2.1 扑杀人员穿戴防护服、口罩、胶鞋及手套等防护用品进入场地。

4.4.2.2 电击或其他适当方法。

4.4.2.3 工作完毕后，应对一次性防护用品作销毁处理，对循环使用的防护用品消毒处理（图2-14）。

图2-14　一次性防护用品销毁　循环使用的防护用品消毒

4.5 记录

详细记录扑杀数量等情况，并由相关人员签字。

5 转运

5.1 选择车辆

5.1.1 可选择符合GB 19217条件的车辆或专用封闭厢式运载车辆。车厢四壁及底部应使用耐腐蚀材料，并采取防渗措施（图2-15）。

图2-15 无害化处理专用车

5.1.2 专用转运车辆应加施明显标识，并加装车载定位系统，记录转运时间和路径等信息。

5.2 规划转运路线

尽量避开主要交通干道，避开人员密集区域，避开养殖场较多的路线。不得中途转运或做不必要的停歇（图2-16）。

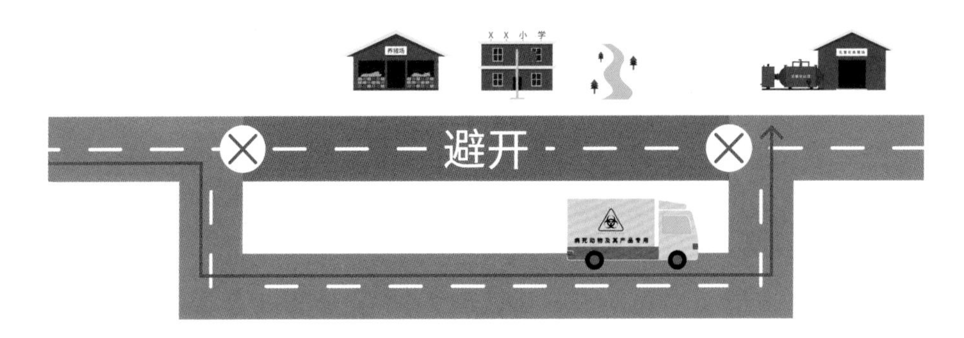

图2-16　规划转运路线

5.3 转运

5.3.1 将扑杀猪及病死猪尽快装车，按照既定路线转运到无害化处理场所处置。

5.3.2 若转运途中发生渗漏，应重新包装、消毒后运输。

5.4 车辆消毒

5.4.1 车辆驶离暂存、养殖等场所前，应对车轮及车厢外部进行彻底清洗消毒。

5.4.2 每次卸载后，应对转运车辆及相关工具等进行彻底清洗消毒（图2-17）。

图2-17　车辆消毒

6 无害化处理

6.1 病死猪、疑似染疫猪、扑杀的猪及其产品

对疫点、疫区扑杀的生猪原则上应当就地进行无害化处理，确需运出疫区进行无害化处理的，须在当地畜牧兽医部门监管下，使用密封装载工具（车辆）运送至专业无害化处理厂销毁或采取深埋进行处理，严防遗撒渗漏。

采取深埋法进行处理的应当遵循下列要求。

6.1.1 掩埋地点选择

6.1.1.1 应选择地势较高，处于下风向的地点。

6.1.1.2 应远离学校、居民住宅区、村庄等公共场所，远离动物饲养场、屠宰场、交易市场、饮用水源地、河流等地区（图2-18）。

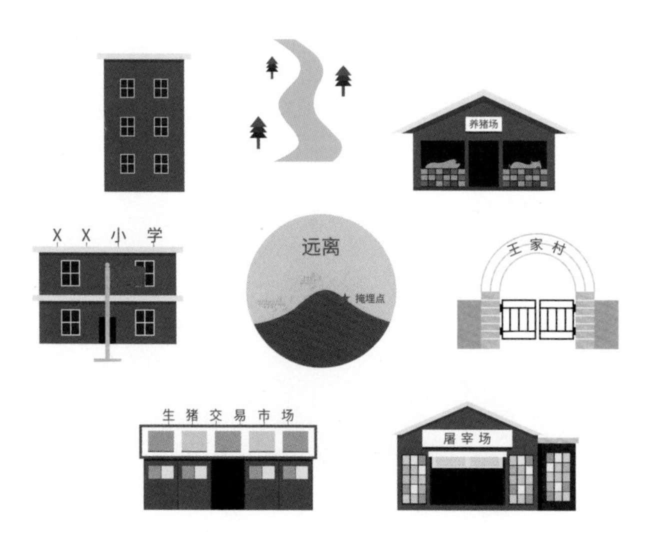

图2-18　掩埋点选择

6.1.2 技术要求

6.1.2.1 掩埋坑体容积以实际处理动物尸体及相关动物产品数量确定。

6.1.2.2 掩埋坑底应高出地下水位1.5米以上，要防渗、防漏。

6.1.2.3 坑底洒一层厚度为2 ～ 5厘米的生石灰。

6.1.2.4 投入动物尸体及相关动物产品，有条件的地区可适当焚烧。

6.1.2.5 坑内动物尸体及相关动物产品上铺撒生石灰或漂白粉等消毒药消毒。

6.1.2.6 动物尸体及相关动物产品最上层距离地表1.5米以上，覆盖厚度不少于1米的覆土，距地表20 ～ 30厘米。掩埋覆土不要压实，以免腐败产气造成气泡冒出和液体渗漏，有条件的地方，可适当在掩埋坑插数量不一的排气管（图2-19）。

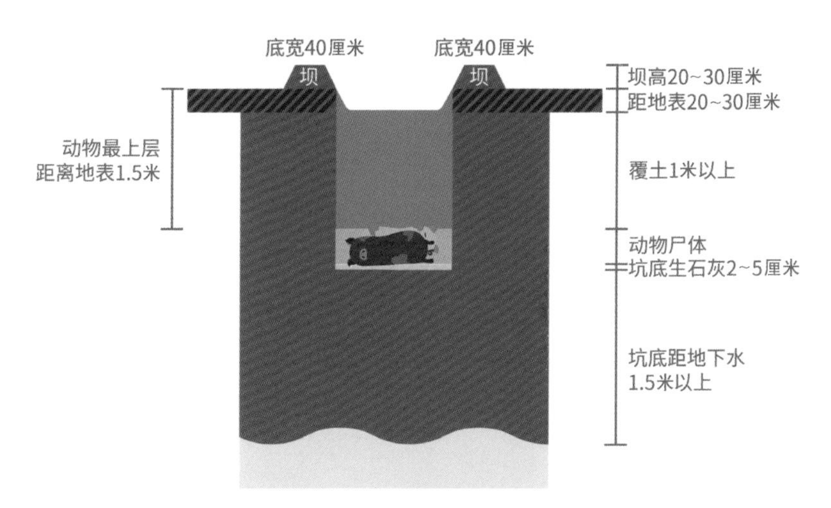

图2-19　掩埋点要求

6.1.2.7 在掩埋地点设置警示标识，拉警戒线。

6.1.2.8 掩埋后，当地政府安排专人值守至解除封锁；同时，建立巡察制度，第一周内应每日巡察1次，第二周起应每周巡察1次，连续巡察3个月；掩埋坑塌陷处应及时加盖覆土，保持掩埋点始终距地表20 ～ 30厘米。

6.1.2.9 掩埋后，立即用氯制剂（如漂白粉）或生石灰等消毒药对掩埋场所及转运道路进行1次彻底消毒，道路及掩埋坑不得裸露土壤。第一周内应每日消毒1次，第二周起应每周消毒1次，连续消毒3周以上。

6.2 其他相关物品

6.2.1 污水用氯制剂（次氯酸钠、三氯乙腈尿酸、二氧化氯、二氯乙腈尿酸）进行消毒处理。

6.2.2 动物排泄物、被污染饲料、垫料可采用堆积发酵、焚烧或运送至无害化处理场进行掩埋处理。堆积发酵可采用将动物排泄物、被污染饲料、垫料和秸秆等混合，堆高不少于1米，覆盖塑料薄膜利用高温堆肥发酵（图2-20）。

图2-20　高温堆积发酵

6.3 记录

详细记录无害化处理地点、数量等情况，并由相关人员签字。

6.4 特殊情况

6.4.1 雨季

各地雨季来临前，应在掩埋坑四周筑坝，坝高20～30厘米，坝底宽40厘米左右，坝四周挖排水沟，并设置水流通道，防止被污染的液体渗漏。

6.4.2 严寒天气

鉴于严寒天气掩埋生猪发酵时间延长或不发酵，在42天封锁期后，掩埋点或无害化处理点应继续派专人值守，延长封锁时间直至掩埋猪发酵完成，然后严格消毒1周，每天3～5次，且当地兽医主管部门组织专家评估验收后方可将人员撤离。

7 消毒

7.1 消毒前准备

7.1.1 整理场地内的有机物、污物、粪便、饲料、垫料、垃圾等，并集中存放；所有物品消毒前不得移出场区。

7.1.2 选择合适的消毒药品。

7.1.3 备有喷雾器、火焰喷射枪、消毒车辆、消毒防护用品

(如口罩、手套、防护靴等)、消毒容器等（图2-21）。

图2-21　消毒准备

7.2 消毒剂的选择

碱类（氢氧化钠、氢氧化钾等）、氯化物和酚化合物适用于建筑物、木质结构、水泥表面、车辆和相关设施设备消毒，酒精和碘化物适用于人员消毒。

可选用0.8%的氢氧化钠、0.3%福尔马林、3%邻苯基苯酚，10%的苯及苯酚、次氯酸盐、戊二醛等。

7.3 人员及物品消毒

饲养管理人员及进出人员应先清洁，后消毒，可采取淋浴消毒。

对衣、帽、鞋等可能被污染的物品，可采取消毒液浸泡、高压灭菌等方式消毒。人员出场时，则应将衣、帽、鞋等一次性防护物品焚烧销毁（图2-22）。

图2-22　人员和物品消毒

7.4 灭蜱消毒

场内外和舍内外环境、缝隙、巢窝和洞穴等用40%辛硫磷浇泼溶液、氰戊菊酯溶液等喷洒除蜱。

8 监测（检测）

8.1 对疫情发生前30天内以及疫情发生后采取隔离措施前，从疫点输出的易感动物、相关产品、运载工具及密切接触人员的去向进行追溯调查，对有流行病学关联的养殖、屠宰加工场所进行采样检测，分析评估疫情扩散风险。

8.2 对掩埋点周边环境进行监测。

8.3 对疫点、疫区的环境样品进行监测。

8.4 对受威胁区内生猪、野猪进行监测。

8.5 对疫区、受威胁区内的生猪屠宰企业，进行环境样品和/或猪肉产品检测。

8.6 对受威胁区的生猪养殖场（户）、生猪交易市场和屠宰场开展全面排查。

8.7 对疫区、受威胁区及周边地区野猪分布状况进行调查和监测。

8.8 对疫情发生所在县的经营性冷库中的环境样品、猪肉及产品进行检测。

9 评估

9.1 发生疫情的省级兽医主管部门对疫情进一步扩散蔓延的风险进行评估，并向相关县、市、省发出风险提示。

9.2 发生疫情的县级以上兽医主管部门对疫情处置情况进行评估，提出进一步完善的措施。

9.3 发生疫情县的上级兽医主管部门对疫区、受威胁区内暂停屠宰活动的生猪屠宰企业开展动物疫病风险评估。

10 解除封锁

10.1 申请

县级以上兽医主管部门根据评估结果向发布封锁令的人民政府提出解除封锁申请。

10.2 解除封锁条件

疫点和疫区应扑杀范围内的生猪全部死亡或扑杀完毕，并按规定进行消毒和无害化处理42天后（未采取哨兵猪监测措施的）未出现新发疫情的；或者按规定进行消毒和无害化处理15天后，引入哨兵猪继续饲养15天后，哨兵猪未发现临床症状且病原学检测为阴性，未出现新发疫情的，经疫情发生地上一级兽医主管部门组织验收合格（图2-23）。

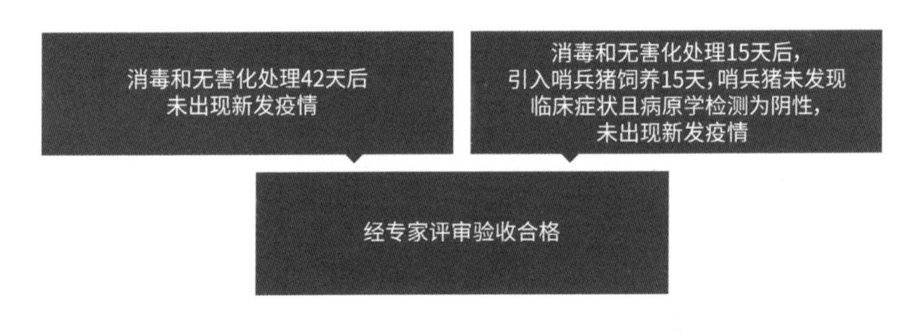

图2-23　解除封锁条件

10.3 发布解除封锁令

由发布封锁令的人民政府，发布解除封锁令，并通报毗邻地区和有关部门。

11 恢复生产

疫点为生猪屠宰加工企业的，对畜牧兽医部门排查发现的疫情，应对屠宰场进行彻底清洗消毒，经当地畜牧兽医主管部门对其环境样品和生猪产品检测合格，经过15天后，由疫情发生所在县的上一级畜牧兽医主管部门组织开展动物疫病风险评估通过后，方可恢复生产。对疫情发生前生产的生猪产品，抽样检测和风险评估表明未污染非洲猪瘟病毒的，经就地高温处理后可加工利用。

对屠宰场主动排查报告的疫情，应进行彻底清洗消毒，经当地畜牧兽医部门对其环境样品和生猪产品检测合格，经过48小时后，由疫情发生所在县的上一级畜牧兽医主管部门组织开展动物疫病风险评估通过后，可恢复生产。对疫情发生前生产的生猪产品，抽样检测表明未污染非洲猪瘟病毒的，经就地高温处理后可加工利用（图2-24）。

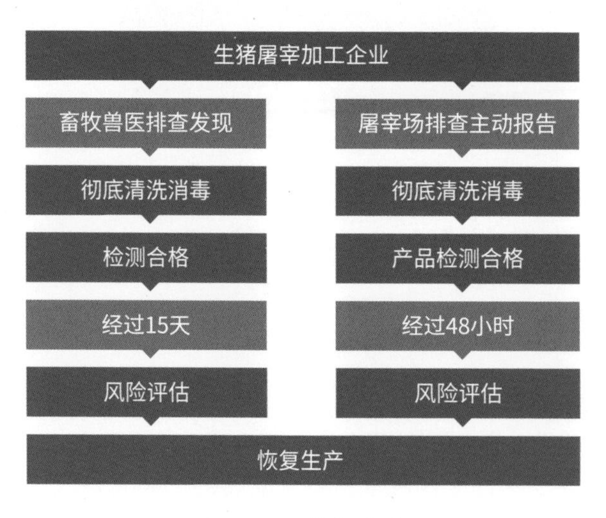

图2-24　恢复生产

疫区内的生猪屠宰企业，应进行彻底清洗消毒，经当地畜牧兽医部门对其环境样品和生猪产品检测合格，经过48小时后，由疫情发生所在县的上一级畜牧兽医主管部门，组织开展动物疫病风险评估通过后，可恢复生产。

解除封锁后，对疫点、疫区进行持续监测，没有新的疫情发生；环境检测阴性的、需继续饲养生猪的养殖场（户），应引入哨兵猪并进行临床观察，饲养45天后（期间猪只不得调出），对哨兵猪进行血清学和病原学检测，均为阴性且观察期内无临床异常的，相关养殖场（户）方可补栏（图2-25）。

图2-25　恢复生产

第三章 非洲猪瘟疫区生猪评估办法

1 初步排查检测

疫情发生后，根据《非洲猪瘟疫情应急实施方案（2019年版）》要求，对疫区内存栏生猪进行排查和检测，初步认为可以继续饲养的，应加强临床监视，并做好管控工作。

2 严格采样监测

按照《非洲猪瘟疫情应急实施方案（2019年版）》要求，严格落实疫区养殖场（户）采样监测工作，检测为非洲猪瘟阴性的方可继续饲养。

2.1 采样范围

对疫区内所有养猪场（户）和屠宰场进行采样。

2.2 采集样品种类

2.2.1 生猪养殖场

2.2.1.1 生猪全血样品。

2.2.1.2 环境样品，包括生猪养殖场每栋圈舍出粪口、料槽和水槽。

2.2.2 屠宰场

2.2.2.1 生猪全血样品。

2.2.2.2 环境样品，包括血槽、脱毛水槽、排污口、待宰圈。

2.3 样品采集数量

2.3.1 生猪养殖场（户）全血样品数量

2.3.1.1 存栏低于50头的，采集5份全血，不足5头的全采。

2.3.1.2 存栏50头（含）以上的，采集10份全血。

2.3.2 生猪养殖场（户）环境样品数量

按照生猪圈舍进行抽样，每栋圈舍采集出粪口、料槽和水槽样品各1份。

2.3.3 屠宰场全血样品数量

按照生猪不同来源地分批次抽样，每批次抽样5份，每批次不足5头的全采。

2.3.4 屠宰场环境样品采集数量

包括血槽、脱毛水槽、排污口、待宰圈等环境样品，每种类型样品不少于2份，共10份。

2.4 采样注意事项

2.4.1 严格采样时的生物安全防护，防止因采样造成疫情的传播。

2.4.2 按照养殖场分布合理分组。

2.4.3 有条件的养殖场（户）可自行采样，采集完成后交给采样人员即可。

2.4.4 填写好采样表，样品做好标记，并妥善保存。

3 落实防疫责任

为做好疫区和受威胁区的排查和检测，应与疫区每个养殖场户签订养殖户承诺书，落实养殖场户的主体责任（《疫区和受威胁区养殖户承诺书》附后）。

每个养殖场户均应明确一名监管责任人，严格落实防疫责任，确保检测、评估、防控、监督等措施到位（《监管责任人职责》附后，《疫区生猪养殖场（户）排查检测与监管情况表》见表3-1）。

受威胁区的排查、检测工作，可参照疫区相关要求。

承诺书

为做好非洲猪瘟防控工作，根据《动物防疫法》及《非洲猪瘟疫情应急实施方案（2019年版）》等文件的要求，本养殖场作出如下承诺：

1. 切实履行养殖户防疫主体责任，自觉加强生猪饲养管理，建立健全生物安全体系，不使用泔水饲喂生猪，严格落实好防疫、封闭、清洁、消毒等各项防控措施。

2. 疫区（疫点边缘向外延伸3公里的区域）解除封锁之前，疫区和受威胁区（疫区边缘向外延伸10公里的区域）生猪养殖户禁止调出调入生猪。经非洲猪瘟病原学检测为阴性的，可继续饲养或经检疫后到指定的定点屠宰场屠宰；对病原学检测为阳性的养殖户，按要求扑杀、无害化处理所有生猪。

3. 疫区和受威胁区的生猪养殖户未经检疫或批准不得转移、屠宰生猪。

4. 自觉接受畜牧兽医部门、行政监管责任人的检查，如实报告本养殖场的相关情况，自觉配合畜牧兽医部门进行抽样检测。

5. 每日对养殖场进行排查，发现猪场有生猪死亡等异常现象，及时报告，不隐瞒疫情。

6. 若违反上述的相关规定，本养殖场愿意承担一切行政处罚，不享受扑杀无害化处理补助，导致非洲猪瘟疫情扩散的，愿意承担一切法律责任。

养殖场（户）承诺人：______________ 联系电话：____________

监管单位：____________乡镇（街道） 监管责任人：__________

联系电话：____________

年 月 日

监管责任人职责

1.按要求每天到监管场排查询问有关情况，并将结果报告____________非洲猪瘟防控指挥部办公室（联系电话：____________）。

2.检查、督促养殖场（户）落实防疫、封闭、清洁、消毒等各项防控措施。

3.每天登记生猪存栏、出栏等变化，发现病猪、死猪等异常情况，迅速上报。

4.完成指挥部交办的其他有关防控任务。

表3-1　疫区生猪养殖场（户）排查检测与监管情况表

序号	养殖场名称	负责人	联系电话	存栏总头数	其中100千克以上的生猪头数	血液抽样数量	检测结果	是否签订承诺书	监管责任人
1									
2									
3									
4									
5									
6									
7									
8									
9									
10									
11									
12									

1 消毒前的准备

1.1 消毒人员：应根据养殖场（户）规模合理确定消毒人员。

1.2 消毒器械和工具：高压冲洗机、扫帚、叉子、铲子、铁锹、水管、防护用品（如防护服、口罩、手套、护目镜、防护靴等）。

1.3 消毒剂：1%～2%氢氧化钠（火碱）、1%～2%戊二醛溶液、氯制剂、生石灰（图4-1）。

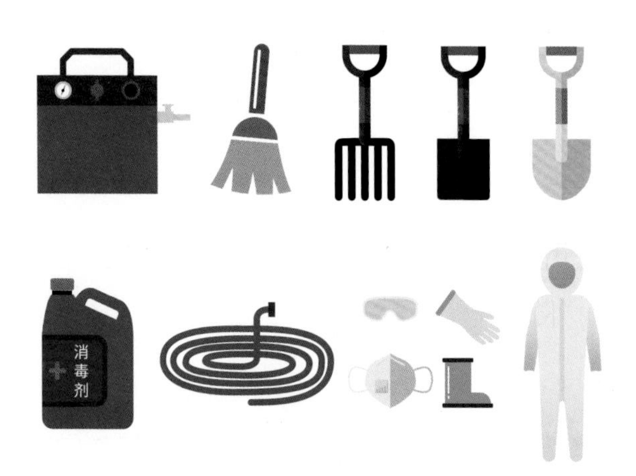

图4-1　消毒器械和工具

2 圈舍消毒程序

2.1 清理

扑杀生猪时，应同时对场猪舍内污物、粪便、饲料、垫料、垃圾等进行初步清理，集中收集于包装袋内，并随扑杀生猪一起深埋处理（图4-2）。

图4-2　清　理

2.2 首次消毒

2.2.1 使用高压冲洗机将1%～2%火碱溶液或其他消毒液喷洒至猪舍内外环境中。

2.2.2 喷洒消毒液时，应按照从上到下、从里到外的原则，即先屋顶、屋梁钢架，再墙壁，最后地面，力求仔细，干净，不留死角（图4-3）。

图4-3　首次消毒

2.3 再次清理

2.3.1 喷洒消毒液至少1小时后，应使用扫帚、叉子、铲子、铁锹等工具对猪舍内残留的粪便、垫料、灰尘等进行再次彻底清扫（图4-4）。

图4-4　再次清理

2.3.2 将清扫的粪便、垃圾等污染物集中收集于包装袋内，并进行深埋等无害化处理，也可堆积发酵。

2.4 二次消毒

同2.2首次消毒方法。

2.5 彻底清洗

2.5.1 喷洒消毒液至少1小时后，使用高压冲洗机对猪舍内残留的粪便、垫料、灰尘等进行彻底清洗。

2.5.2 冲洗屋顶等高处时要踩着架子，每根角铁、每根钢丝绳、每根吊绳都要仔细冲洗两侧，要从一个方向直接冲洗到另一个方向；风机要从里向外冲洗，连同风筒、防护网、头端外墙、大门一起冲洗干净；冲洗篷布里面时要放开吊绳将篷布展开，从屋顶开始，从上到下冲洗，最后吊起篷布冲洗篷布外面和散水；冲洗进风口时不要向里。冲洗每段水线内部时要从一侧开始冲洗，干净之后再从另一侧冲洗，即两侧均要高压冲洗；冲洗水线、料线外侧时两侧均要冲洗（图4-5）。

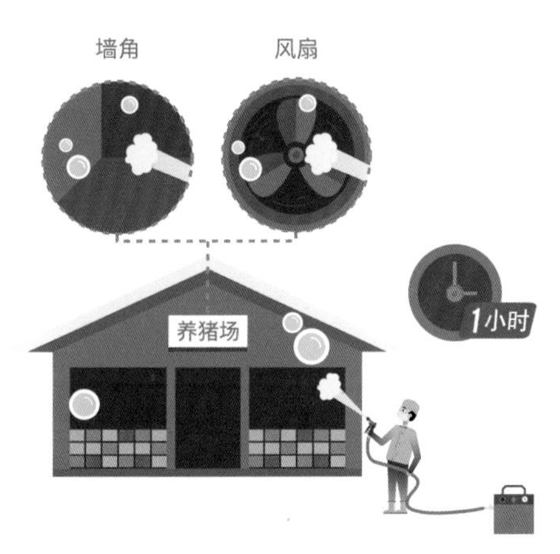

图4-5　彻底清洗

2.5.3 彻底冲洗干净后，应由相关人员认真检查冲洗质量。要求冲洗完后，所有设备、墙角、进风口、地面等处无粪便、无灰尘、无蜘蛛网、无污染物（图4-6）。

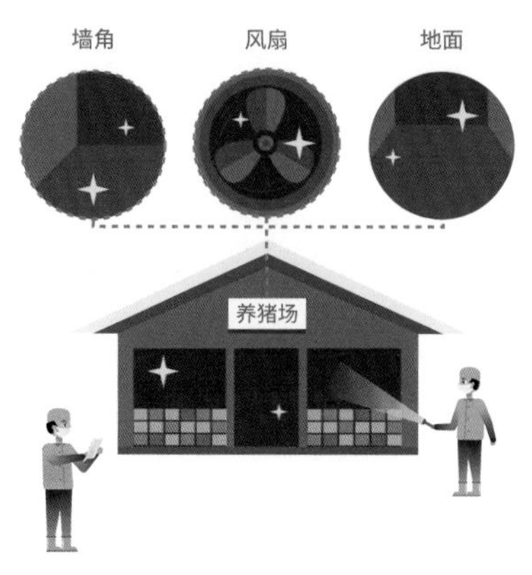

图4-6　检查冲洗质量

2.5.4 如检查不合格，应按照上述步骤再次进行消毒后，重新进行清洗，直至彻底清洗干净。

2.6 终末消毒

2.6.1 检查合格后，可进行彻底的终末消毒。终末消毒时，对墙面、顶棚和地面喷洒消毒液，以表面全部浸湿为标准。

2.6.2 可用火焰喷射器对猪舍的墙裙、地面、金属笼具等耐高温的物品进行火焰消毒（图4-7）。

图4-7　终末消毒

2.7 消毒记录

每次消毒时，应逐日、逐次进行消毒记录，记录内容应包括消毒地点、消毒时间、消毒人员、消毒药名称、消毒药浓度、消毒方式等内容。

3 场区内环境消毒

3.1 对养殖场户生活区（办公场所、宿舍、食堂等）的屋顶、墙面、地面用1%戊二醛或氯制剂喷洒消毒（图4-8）。

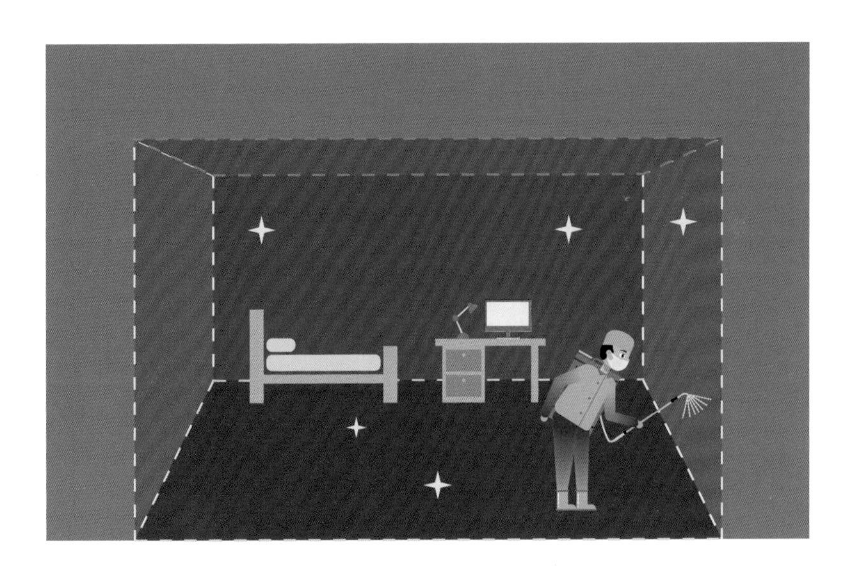

图4-8 养殖场户生活区喷洒消毒

3.2 场区或院落地面洒布生石灰或戊二醛、火碱溶液消毒（图4-9）。

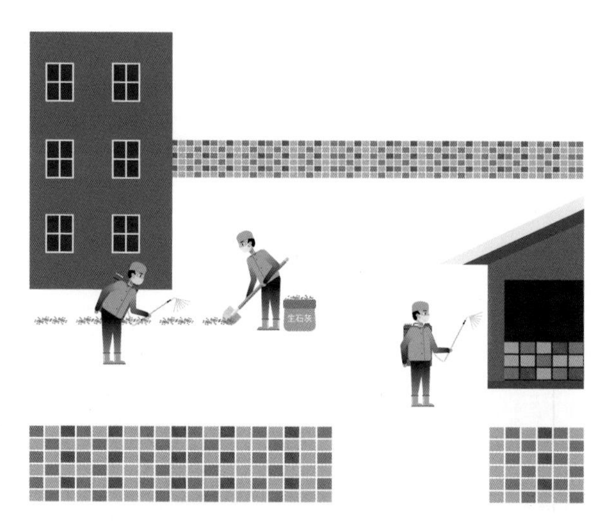

图4-9 场区院落消毒

3.3 进出门口铺设与门同宽、长8米的消毒草垫，洒布戊二醛或火碱溶液，并保持浸湿状态（图4-10）。

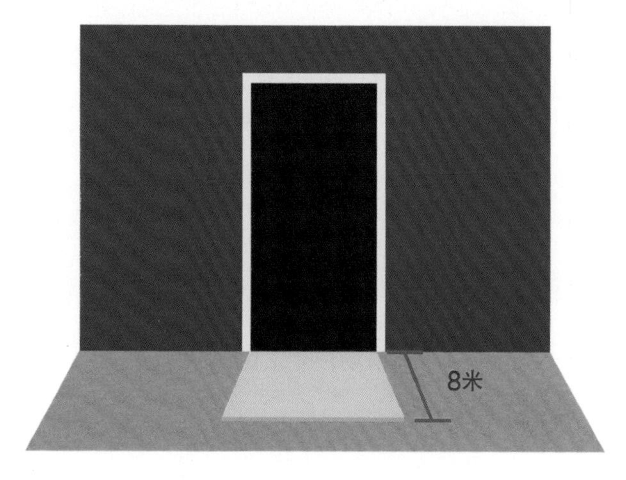

图4-10 场区门口消毒草垫

3.4 污水集中收集，按比例投放氯制剂（漂白粉、二氧化氯）消毒（图4-11）。

图4-11　污水消毒

3.5 使用的消毒药要交替使用，每两天交替更换一次。

3.6 每日消毒3 ~ 5次，连续7天，之后每天消毒1次，持续消毒15天。

3.7 逐日、逐次进行消毒登记，登记内容应包括消毒地点、消毒时间、消毒人员、消毒药名称、消毒药浓度、消毒方式等内容（图4-12）。

图4-12　消毒登记

第五章　临时检查消毒站作业指导书

1 职责

负责疫点疫区的封锁、受威胁区等主要路口的检查消毒，对过往车辆进行检查、消毒、登记。

2 人员

每个班次配备1名以上交警、2名以上（含2名）检查过往车辆是否运输生猪或生猪产品人员，2名以上（含2名）具体更换消毒垫和对车辆消毒及消毒记录登记人员。人员数量应保证24小时执勤（图5-1）。

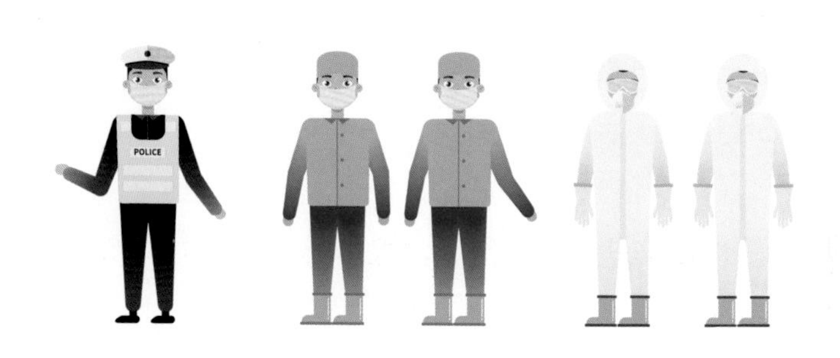

图5-1　临时检查消毒站人员

3 设施设备

3.1 执勤车辆1台：供值班人员交通或供值班交警、对车辆检查消毒人员执勤用。

3.2 消毒用品：机动高压消毒机、背负式消毒喷雾器、消毒药、配置消毒液用桶、草垫或麻袋。

3.3 人员防护用品：一次性防护服、护目镜、口罩、乳胶手套、胶靴、防水鞋套。

3.4 办公生活用品：帐篷或板房、桌椅、棉大衣、临时检查消毒站车辆进出表、交接班记录表等。

3.5 其他："临时检查消毒站"提示牌和指示牌、照明灯等照明设备、"停"指示牌、封锁令、路障或减速带等。

4 设置消毒站

4.1 疫点临时检查消毒站：可参考4.2，利用疫点出入口设施灵活布置。疫点以内视为污染区，疫点以外视为洁净区。

4.2 疫区临时检查消毒站

4.2.1 在所有出入疫区的交通路口设置临时检查消毒站。

4.2.2 搭建帐篷或板房。

4.2.3 在消毒站点处向疫区内延伸200米，前方200米设置"临时检查消毒站"字样的提示牌。

4.2.4 在消毒站点处放置“临时检查消毒站”字样的指示牌，牌正面面向疫区外侧。在醒目位置张贴封锁令。

4.2.5 放置路障或足够数量的限制车辆缓行的路锥或在消毒站处向疫区内延伸30 ～ 50米路段设置3 ～ 5个缓冲带（每10米一个），并设立减速标识。

4.2.6 配制消毒垫及车辆消毒药，可用0.8% 氢氧化钠、0.3%福尔马林、3%邻苯基苯酚等；配制人员消毒药，可用75%酒精或3%枸橼酸碘。填写消毒药配制记录表（表5-1）。

4.2.7 按路面宽度铺设不少于8米长的双层草垫或麻袋，喷洒消毒药并保持浸湿状态。

4.2.8 在疫点方向的200米道路洒布生石灰或0.8% 氢氧化钠溶液消毒，生石灰应洒布均匀且厚度为2 ～ 5厘米（图5-2）。

图5-2　疫区临时检查消毒站

5 工作程序

5.1 疫点临时检查消毒站

5.1.1 工作人员应穿一次性防护服、胶靴，戴口罩、乳胶手套，负责消毒的工作人员还应佩戴护目镜（图5-3）。

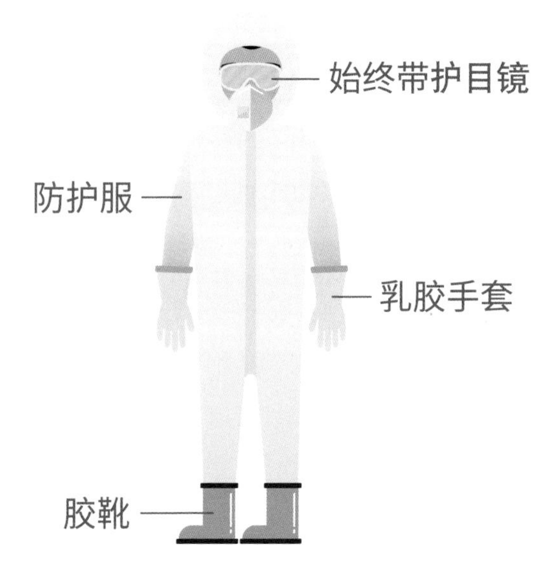

图5-3　工作人员防护示意图

5.1.2 对出入疫点的居民，工作人员应检查其携带的物品，不得将生猪带入，不得将生猪及其产品（生猪肉、生皮、原毛、脏器、脂、血液、骨、蹄、头、筋、精液、胚胎等）带出；对其手部喷洒75%酒精或3%枸橼酸碘进行消毒，对鞋底通过踩消毒垫进行消毒（图5-4）。

图5-4　疫点居民检查消毒

5.1.3 出入疫点的工作人员，进入时应在洁净区穿一次性防护服、防水鞋套，戴口罩、乳胶手套，通过消毒垫步入疫点；出来时应在污染区边缘脱掉一次性防护服、防水鞋套、乳胶手套、口罩（收集后通过焚烧进行无害化处理），通过消毒垫步入洁净区。

5.1.4 对出入疫点的车辆进行消毒，应由上至下，顺风向进行喷雾消毒，以覆盖全车且车轮无附着物为标准。尤其要严格检查从疫点出来的车辆，严防从疫点流出生猪产品。检查消毒后在“临时检查消毒站车辆进出表”上记录（表5-2）。

5.2 疫区临时检查消毒站

5.2.1 负责消毒的工作人员应注意个人防护。

5.2.2 出示“停”指示牌，使出入人员和车辆停下来接受检查和消毒。

5.2.3 对出入疫区的人员，工作人员应检查其携带的物品，不得将生猪带入，不得将生猪及其产品（生猪肉、生皮、原毛、脏器、脂、血液、精液、胚胎、骨、蹄、头、筋等）带出。对其手部喷洒75%酒精或3%枸橼酸碘进行消毒，对鞋底通过踩消毒垫进行消毒。

5.2.4 对出入疫区的车辆进行消毒，应由上至下，顺风向进行喷雾消毒，以覆盖全车且车轮无附着物为标准。尤其要严格检查从疫区出来的车辆，严防从疫区流出生猪产品。检查消毒后在“临时检查消毒站车辆进出表”上记录（图5-5）。

图5-5　车辆消毒和检查

5.3 消毒工作人员负责保持消毒垫浸润状态（脚踩出水），及时更换破碎的消毒垫（图5-6）。

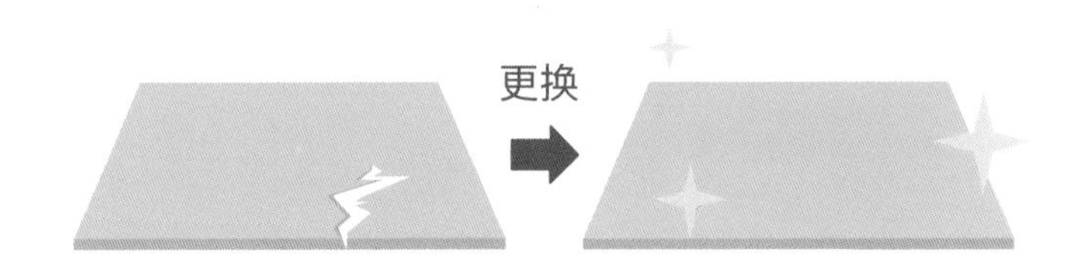

图5-6　更换消毒垫

5.4 当班人员下班时，要在交接班记录表上签名（图5-7）（表5-3）。

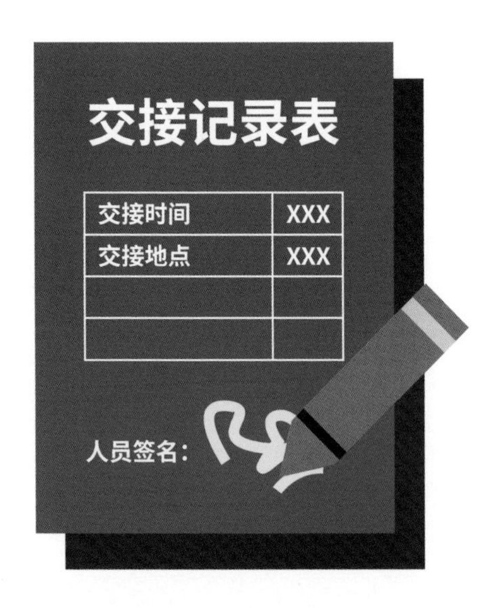

图5-7　交接记录表

5.5 工作人员要持续做好出入车辆的检查和消毒工作，直至解除封锁。

6 说明

受威胁区及相邻区域主要交通路口设置临时检查消毒站，建设标准及工作程序可参照“疫区临时检查消毒站”。

表5-1 消毒药配制记录表

消毒药名称	消毒药用量	添加水量	消毒药浓度	配制人	配制时间

表5-2 XXX临时检查消毒站车辆进出表

车辆号牌	进或出	消毒药名称及浓度	检查情况	
			检查时间	结　果
				□ 未携带生猪及其产品 □ 携带生猪产品　□ 携带生猪
				□ 未携带生猪及其产品 □ 携带生猪产品　□ 携带生猪
				□ 未携带生猪及其产品 □ 携带生猪产品　□ 携带生猪
				□ 未携带生猪及其产品 □ 携带生猪产品　□ 携带生猪
				□ 未携带生猪及其产品 □ 携带生猪产品　□ 携带生猪
				□ 未携带生猪及其产品 □ 携带生猪产品　□ 携带生猪
				□ 未携带生猪及其产品 □ 携带生猪产品　□ 携带生猪

消毒人：　　　　　　　　　　检查人：

表5-3　交接班记录表

当班时间	交班人签名	接班人签名

1 消毒前的准备

1.1 消毒人员：应根据无害化处理场点规模合理确定消毒人员。

1.2 消毒器械和工具：高压冲洗机、机械或电动喷雾器、扫帚、叉子、铲子、铁锹、水管、防护用品（如防护服、口罩、手套、护目镜、防护靴等）。

1.3 消毒剂：1%～2%氢氧化钠（火碱）、1%～2%戊二醛溶液、氯制剂、生石灰。

2 消毒程序

2.1 无害化处理厂

2.1.1 入场消毒：外来车辆和人员必须消毒，如有设置消毒池，消毒池内采用5%次氯酸钠、1%戊二醛等进行消毒。若无消毒池，铺洒2～5厘米厚生石灰或用洒布1%戊二醛或火碱溶液的消毒草垫（8米）消毒（图6-1）。

图6-1　外来车辆及人员消毒

2.1.2 车辆消毒：主要对运猪车和运肉车进行消毒。车辆打扫干净后，用1%戊二醛或5%次氯酸钠等溶液喷洒消毒（图6-2）。

图6-2　运猪车消毒

2.1.3 处理车间、生活区及废弃物等的消毒按该无害化处理厂的规程操作。

2.2 掩埋点

2.2.1 入场消毒：在进出无害化处理场路口，铺洒2～5厘米厚生石灰或用洒布1%戊二醛或火碱溶液的消毒草垫（8米）消毒（图6-3）。

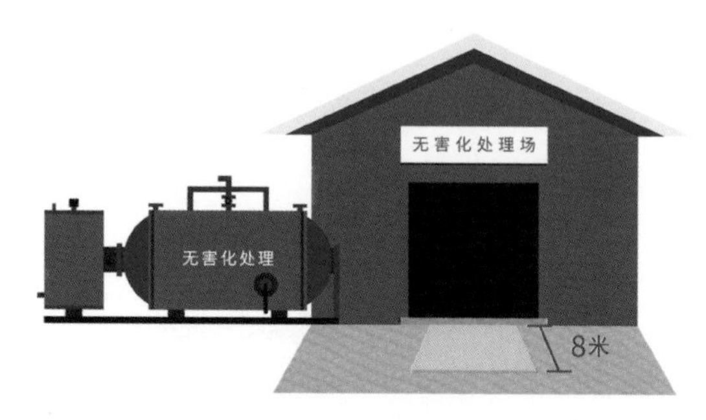

图6-3　入场消毒

2.2.2 车辆消毒：主要对运猪车和运肉车进行消毒。车辆打扫干净后，用1%戊二醛或5%次氯酸钠等溶液喷洒消毒。

2.2.3 在无害化处理坑表面以及周围喷洒氯制剂或戊二醛或覆盖2～5厘米生石灰进行消毒，消毒顺序应当由内向外（图6-4）。

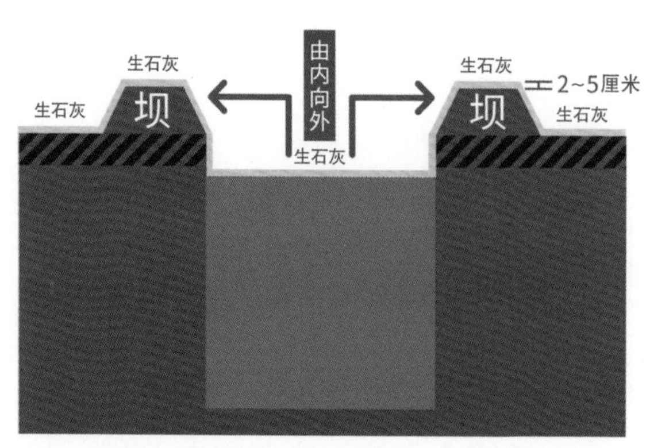

图6-4　无害化处理坑消毒

2.2.4 掩埋后，无害化处理场每日消毒3～5次，连续7天，之后每天消毒1次，持续消毒15天。

2.2.5 逐日、逐次进行消毒登记，登记内容应包括消毒地点、消毒时间、消毒人员、消毒药名称、消毒药浓度、消毒方式等信息（图6-5）。

图6-5　消毒登记

第七章　生猪屠宰场消毒作业指导书

1 消毒前的准备

1.1 消毒人员：应根据屠宰场规模合理确定消毒人员。

1.2 消毒器械和工具：高压冲洗机、机械或电动喷雾器、扫帚、叉子、铲子、铁锹、水管、防护用品（如防护服、口罩、手套、护目镜、防护靴等）。

1.3 消毒剂：1%～2%氢氧化钠（火碱）、1%～2%戊二醛溶液、氯制剂、生石灰。

2 消毒程序

2.1 入场消毒：外来车辆和人员必须消毒，如有设置消毒池，消毒池内采用5%次氯酸钠、1%戊二醛等进行消毒。若无消毒池，铺洒2～5厘米厚生石灰或用洒布1%戊二醛或火碱溶液的消毒草垫（8米）消毒。

2.2 场区和办公场所消毒：对地面、墙面、门窗清扫后，用

1%戊二醛、5%次氯酸钠、1%火碱等溶液喷洒消毒。

2.3 生产车间消毒：彻底打扫和清理后，对生产车间的地面、墙壁、台桌、设备、用具、工作服、手套、围裙、胶靴等进行彻底消毒。地面、墙面、台桌、设备、围裙、胶靴等可采用1%戊二醛或火碱喷洒消毒，消毒1 ～ 4小时后，用水冲洗干净。手套、工作服等可煮沸消毒，煮沸30分钟即可（图7-1）。

2.4 车辆消毒：主要对运猪车和运肉车进行消毒。车辆打扫

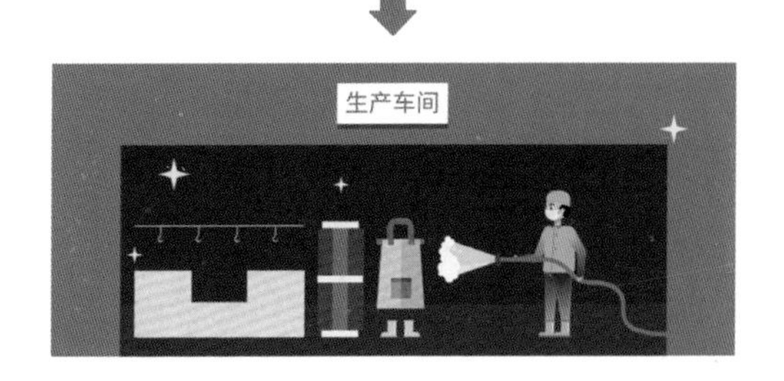

图7-1　生产车间消毒

干净后，用1%戊二醛或5%次氯酸钠等溶液喷洒消毒。

2.5 隔离舍、待宰圈消毒：彻底打扫清除隔离舍、待宰圈内的饲料、粪便、污物后。地面、墙面、门窗、料槽喷洒1%火碱、戊二醛等溶液或洒布生石灰消毒。关闭门窗消毒2 ～ 3小时后，用水冲洗干净（图7-2）。

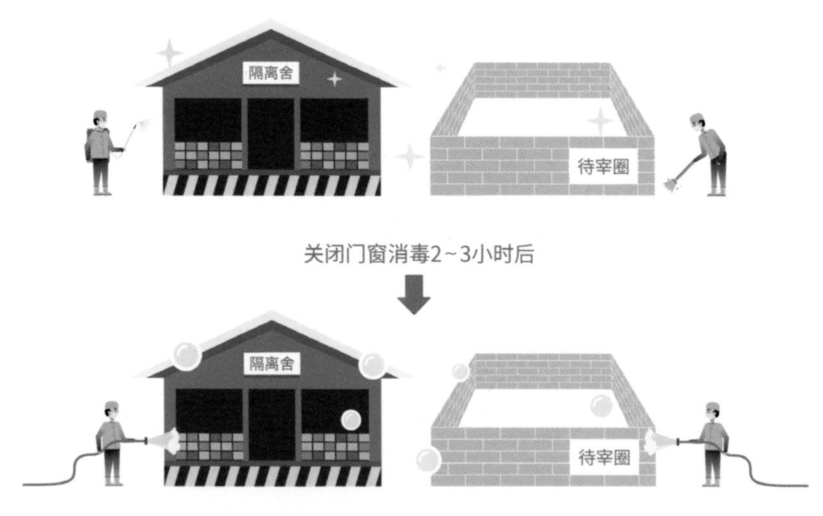

图7-2　隔离舍待宰圈消毒

2.6 废弃物处理消毒：动物粪便、饲料、垫料等固体废弃物集中收集，堆积发酵或焚烧，深埋处理。污水等废弃物集中收集，洒布生石灰或按比例投放戊二醛或火碱进行消毒。

2.7 逐日、逐次进行消毒登记，登记内容应包括消毒地点、消毒时间、消毒人员、消毒药名称、消毒药浓度、消毒方式等内容（图7-3）。

图7-3　消毒登记

1 消毒前的准备

1.1 消毒人员：应根据生猪交易市场规模合理确定消毒人员。

1.2 消毒器械和工具：高压冲洗机、机械或电动喷雾器、扫帚、叉子、铲子、铁锹、水管、防护用品（如防护服、口罩、手套、护目镜、防护靴等）。

1.3 消毒剂：1%～2%氢氧化钠（火碱）、1%～2%戊二醛溶液、氯制剂、生石灰。

2 消毒程序

2.1 入场消毒：进出市场门口铺设与门同宽、8米的消毒草垫，洒布戊二醛或火碱溶液，并保持浸湿状态（图8-1）。

2.2 废弃物消毒：对市场进行彻底打扫清洗，动物粪便、饲料等固体废弃物集中收集，焚烧或深埋处理。清洗产生的污水等废弃物集中收集，洒布生石灰或按比例投放戊二醛或火碱进行消毒（图8-2）。

2.3 地面消毒：用戊二醛对交易市场地面、摊床等进行消毒，每日消毒1次，连续消毒15日；被污染交易市场每日消毒3～5次，连续7天，之后每天消毒1次，持续消毒15天（图8-3）。

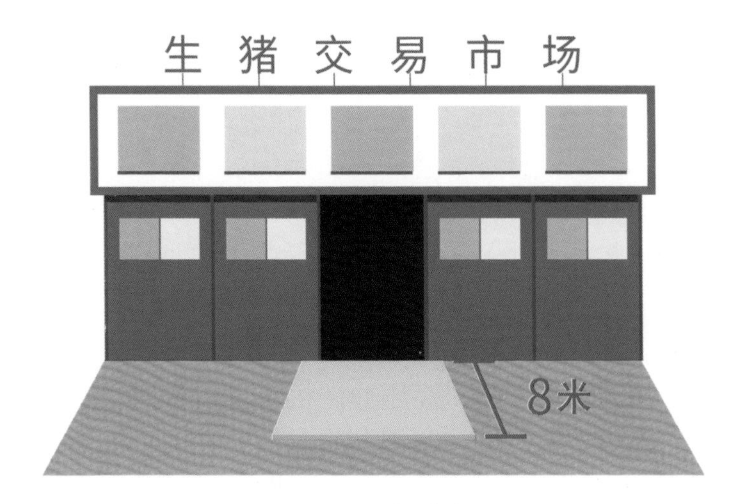

图8-1 入场消毒

图8-2 废弃物消毒

图8-3　地面消毒

2.4 逐日、逐次进行消毒登记，登记内容应包括消毒地点、消毒时间、消毒人员、消毒药名称、消毒药浓度、消毒方式等内容（图8-4）。

图8-4　消毒登记

第九章 非洲猪瘟疫区解除封锁评估验收标准

1 疫区封锁令解除期限

疫点和疫区应扑杀范围内的生猪全部死亡或扑杀完毕，并按规定进行消毒和无害化处理42天后（未采取哨兵猪监测措施的）未出现新发疫情的；或者按规定进行消毒和无害化处理15天后，引入哨兵猪继续饲养15天后，哨兵猪未发现临床症状且病原学检测为阴性，未出现新发疫情的。

2 疫区封锁令解除程序

2.1 提出申请

发布封锁令所在地畜牧兽医行政主管部门向所在地上一级畜牧兽医行政主管部门提出解除封锁评估验收申请。

2.2 组织验收

畜牧兽医行政主管部门接到申请后应组织专家，对疫点、疫区和受威胁区处置情况进行检查验收，结合流行病学调查情况和监测结果，撰写评估报告。

2.3 解除封锁

评估合格后，由所在地畜牧兽医主管部门向发布封锁令的人民政府申请解除封锁，由该地人民政府发布解除封锁令，并通报毗邻地区和有关部门，报所在上一级人民政府备案。

3 验收方式和验收内容

验收主要通过查阅文件和影像资料进行，重点检查扑杀、消毒、无害化处理、流行病学调查、调运监管等方面情况；看现场，全面检查疫情现场规范处置和各项措施执行情况。并结合采样监测结果综合评价分析。具体内容如下（现场验收方式详见表9-1）。

3.1 封锁令发布执行情况

疫情发生后，严格按要求划分了疫点、疫区和受威胁区，地方人民政府及时准确发布了封锁令；疫点、疫区、受威胁区各项处置记录完整、规范、档案齐全。

表9-1　非洲猪瘟疫区解除封锁现场情况验收表

评估场所：　　　　　　　　评估日期：　　　　　　　　评估结果：

	验收标准	验收方式	合格	不合格	情况说明
总体要求	1.1解除封锁时间符合要求				
	1.2疫情发生后，严格按要求划分了疫点、疫区和受威胁区	查看封锁令，张贴的现场照片或发布的情况			
	1.3疫情发生地县级人民政府及时准确发布了封锁令	现场查看，查阅有关文件、命令等			
	1.4及时关闭了疫区、受威胁区的生猪交易市场和屠宰场	查阅有关报告；采样监测的报告			
	1.5已开展流行病学调查和采样监测，未发现新的传染源				
	1.6疫点、疫区、受威胁区各项处置记录完整、规范、档案齐全	查看扑杀记录、无害化处理、消毒记录、消毒检查站记录、物资进出的台账、巡查记录、排查记录等有关记录；查阅有关的文件、工作汇报等			
疫点	2.1疫情发生所在地的县级人民政府依法及时组织扑杀和销毁疫点内的所有猪只	查看记录、照片			
	2.2所有病死猪、被扑杀猪及其产品进行了无害化处理	查看现场、记录、照片			
	2.3对排泄物、餐厨垃圾、被污染或可能被污染的饲料和垫料、污水等进行了无害化处理	查看现场、记录、照片			

（续）

	验收标准	验收方式	合格	不合格	情况说明
疫点	2.4对被污染或可能被污染的物品、交通工具、用具、猪舍、场地、道路等进行严格彻底消毒	查看现场、记录、照片			
	2.5出入人员、车辆和相关设施要按规定进行消毒	查看现场、记录、照片			
疫区	3.1疫区高风险猪群均扑杀完毕，扑杀猪及生猪产品、生猪排泄物、被污染饲料、垫料、污水等进行了无害化处理	查看现场、记录、照片			
	3.2对被污染或可能被污染的物品、交通工具、用具、猪舍、场地进行了严格彻底消毒	查看现场、记录、照片			
	3.3所有出入疫区的道口，设立了检查站，在醒目位置张贴封锁令和告示牌，消毒措施符合要求	查看现场、记录、照片			
	3.4公安、交通、农业部门联合24小时执勤，对过往人员、车辆进行了严格消毒，未发现生猪进出和猪产品运出	查看现场、记录、照片			

专家组组长签字：

3.2 扑杀开展情况

疫情发生地人民政府依法组织对疫点、疫区所有生猪全部进行扑杀，被扑杀猪及生猪产品、排泄物，可能被污染的饲料、垫料、污水等全部进行了无害化处理。

3.3 消毒开展情况

对疫点、疫区被污染或可能被污染的物品、交通工具、用具、猪舍、场地进行了严格彻底消毒。所有出入疫区的道口，设立了检查站，悬挂了“临时检查消毒站”标牌；公安、交通、农业部门联合24小时执勤，对过往人员、车辆进行了严格消毒，未发现生猪进出和猪产品运出。

3.4 采样监测情况

采集疫点扑杀点，无害化处理点的环境样品进行检测。可参照如下标准：每个无害化处理点土壤样5份,每个猪场周边环境样5份，每个猪场环境样品采集5份，要采集圈舍内地面、圈舍墙壁拭子、栏舍残留物或污水，加入有1毫升缓冲液的2毫升离心管中。疫区内有野猪分布的，还应提供林业部门的监测或排查情况报告。

4 有关要求

4.1 验收时间、人员要求

疫情所在畜牧兽医行政主管部门接到解除封锁验收申请后，应在5个工作日内完成验收并出具评估报告。验收工作要组成专家组，专家组由4名具有中级以上职称的兽医人员和1名动物卫生监督人员组成（其中具有高级兽医师职称的专家不少于2名）。

4.2 评估报告要求

评估报告应包括以下内容：疫情发生基本情况；疫点、疫区、受威胁区划分及处置情况；其他相关场所处置情况（屠宰场、交易市场、无害化处理场、临时检查站消毒检查等）；流行病学调查、采样监测情况，并出具是否支持“解除封锁”的验收意见。

4.3 封锁解除后有关事项要求

解除封锁后，疫情所在地兽医部门要继续加强疫情的监测和排查，采取积极防控措施，防止疫情复发。疫区在解除封锁后，应引入哨兵猪进行临床观察，饲养45天后（期间猪只不得调出），对哨兵猪进行血清学和病原学检测，均为阴性且观察期内无临床异常的，相关养殖场（户）方可补栏。

第十章 疫区屠宰场恢复生产风险评估标准

1 恢复生产条件

按照“恢复生产”条款执行。

2 屠宰场风险评估申请程序

2.1 提出申请

由疫情发生地屠宰场向所在地县级畜牧兽医行政主管部门提出屠宰场恢复生产的申请，县级畜牧兽医行政主管部门接到申请后，按要求采集屠宰场环境样品和生猪产品，检测合格，经48小时后，县级畜牧兽医行政主管部门再向上一级畜牧兽医行政主管部门申请屠宰场风险评估工作。

2.2 组织评估

所在市畜牧兽医行政主管部门接到申请后，组织专家对屠宰场恢复生产进行风险评估，撰写风险评估报告。

2.3 恢复生产

风险评估通过后，由所在地县级畜牧兽医主管部门通知屠宰场，恢复生产。

3 风险评估要点

3.1 屠宰场是否已严格消毒

屠宰场待宰区、屠宰车间、设施设备、交通工具、外部环境、排污管网是否进行冲洗及消毒，消毒频次和消毒时间是否符合要求，记录是否规范完整。

3.2 监管措施是否齐全并落实

是否建立监管制度，明确监管人员。生猪来源渠道是否明确和符合有关要求，检验检疫工作是否按规定执行，记录是否完整规范，是否有消毒和无害化处理措施。

3.3 采样监测结果是否合格

是否对周围环境（待宰区、排污管网、屠宰场外环境、屠宰车间等）及生猪产品开展采样监测，非洲猪瘟病毒核酸监测结果是否为阴性。

4 有关要求

4.1 评估时间、人员要求

屠宰场所在地市级畜牧兽医行政主管部门接到风险评估申请后，要在5个工作日内组成专家组完成评估并出具评估报告。专家组要由2名具有中级以上职称的兽医人员和3名动物卫生监督人员组成，其中具有高级兽医师职称的专家不少于1名。

4.2 风险评估报告要求

风险评估报告应包括以下内容：屠宰场消毒情况、生猪来源及监管情况，采样监测情况及风险评估结果，并出具是否支持“恢复生产”的验收意见。